日常穿衣手册

一看就懂的穿搭术

李蕊 文
静子 绘

江苏凤凰美术出版社

图书在版编目（CIP）数据

一看就懂的穿搭术：日常穿衣手册 / 李蕊文；静子绘. -- 南京：江苏凤凰美术出版社, 2024.4

ISBN 978-7-5741-1754-9

Ⅰ.①一… Ⅱ.①李… ②静… Ⅲ.①女性-服饰美学-手册 Ⅳ.①TS973.4-62

中国国家版本馆CIP数据核字(2024)第061191号

责任编辑　龚　婷
责任校对　陆鸿雁
责任监印　生　媛
责任设计编辑　郭　渊
项目策划　褚雅玲
装帧设计　毛欣明

书　　名　一看就懂的穿搭术：日常穿衣手册
文　　字　李　蕊
绘　　者　静　子
出版发行　江苏凤凰美术出版社（南京市湖南路1号　邮编：210009）
总 经 销　天津凤凰空间文化传媒有限公司
印　　刷　北京博海升彩色印刷有限公司
开　　本　889 mm × 1 194 mm　1/32
印　　张　4
版　　次　2024年4月第1版　2024年4月第1次印刷
标准书号　ISBN 978-7-5741-1754-9
定　　价　58.00元

营销部电话　025-68155675　营销部地址　南京市湖南路1号

前言

很多人都会对自己的发型、脸形和身材感到困扰，总是觉得自己不够完美。然而，当我们仔细观察那些充满自信且外表漂亮的人时，会发现她们中的许多人并非天生丽质，而是通过穿着打扮展现出美丽，并且自己也获得了舒适的感受。因此，学习一些简单实用的穿搭技巧，利用我们已经拥有的服饰，既能控制预算，又能用省下的钱购买一些新衣服，从而形成自己的穿衣风格。现在，让我们一起来享受最舒适的着装状态吧！

目录

1

了解不同风格

· 穿出不同风格

style

style

1.1 穿出不同风格

正在阅读这本书的读者，你好。想必你对穿搭很感兴趣吧，并且希望通过本书找到适合自己的日常服装搭配。那么，需要怎么做呢?

要做好穿搭，第一步是要先了解自己。

你是有时间精力去学习和探索的青春无敌少女、是初入职场认真工作的办公室白领丽人，还是性格稳重、为人真诚的成熟女性? 抑或是向往自由、热爱生活的乐天派大妞?

你是谁、你的人设是怎样的，都由你自己做主。而且，今天的你和明天的你也可能不一样。

总之，无论你是谁，每天跟着感觉走就对了。

是的，你就是你！现在就把衣柜里的衣服拿出来搭配试试看，看看你到底更像哪种女孩。

1.1.1 活泼可爱的风格

活泼可爱风格主要表现出俏皮、活泼开朗和充满活力等特点。这种风格的服饰，质感通常比较柔和，色彩明度相对较高，并且经常会有一些图案装饰，比如卡通人物、各种花形、波点、条纹、格子、蝴蝶结等，使衣服整体看起来既潮流又醒目。

活泼可爱风 穿搭示范

搭配 1

波点泡泡袖上衣，能给人以轻松愉快的感觉，再搭配奶咖色的半身裙和深咖色的凉鞋，整体效果看上去十分自在惬意。

哦，别忘了戴上一顶自然材质编织的帽子，这样当微风吹动裙摆的时候，你就能“完美”地诠释可爱风了。

宽松的娃娃领衬衫

袖口波浪造型

胸前有褶皱

衣摆处图案

搭配 2

宽松的娃娃领衬衫也是可爱的代表。这件衬衫的设计十分细心，胸前有褶皱，袖口有收口的波浪造型，衣摆处还缝制了一圈同色系装饰图案。这种款式非常适合展现年轻人的活力，并且由于它外形很宽松，穿起来也十分舒适。

搭配 3

别觉得黑白搭配太严肃，只要搭配得当，黑白色也能穿出少女的活泼感。

比如黑色圆领连衣裙搭配常规的白衬衫，再配上一字小皮鞋，就能展现出青春少女的灵动可爱。

别忘了背一个大号的浅色包，再戴一个夸张的蝴蝶结发卡，学院风立刻扑面而来。

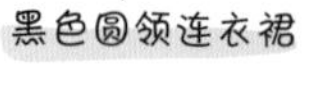

搭配 4

蓝色格子裤搭配宽松的 T 恤，也是一个不错的选择。再配上一顶蓝色帽子，给人眼前一亮的感觉。

1.1.2 成熟干练的风格

深色调是成熟稳重的象征，比如黑色、深蓝色和灰色等，这些颜色能够凸显你的成熟干练和知性美。在细节方面，选择优质的面料和做工精良的服饰是关键，同时搭配低调且实用的配饰，比如手表、腰带、项链等。至于鞋子，你可以选择经典的款式，比如高跟鞋或平底鞋。此外，连衣裙、半身长裙、A 字裙、筒裤等简洁款式的服饰，也很适合成熟干练的风格。

搭配 1

阔腿牛仔裤搭配西装外套，可以展现女性的成熟魅力，而高跟鞋则重点强调了成熟的气质。

搭配 2

深色连衣裙搭配大手提包和衬衫披肩，再穿双平底鞋，让你在忙碌中稍显轻松。

搭配 3

A 字裙搭配简单 T 恤和低马尾辫，再戴一顶草帽，手里拿上文件夹，一身有学生气质的搭配便出炉了。

搭配 4

蓝色和白色是最常搭配的经典组合，宽松舒适的衣服同样可以展现出成熟风格。

如果是选择宽松款式的衣服，那么挽起裤腿和衬衫袖时，既不失成熟，又不会过于拘束。

浅色坎衫

锥形深色裤

搭配 5

精练的短发与锥形深色裤搭配浅色坎衫，肩膀搭一件衬衫，展现出时尚又不失干练的气质。

1.1.3 青春时尚的风格

青春活力的关键词是“轻”和“跳”：“轻”是指使用的颜色和面料看上去比较轻盈；“跳”是指可以大胆跳色和混搭。对于没有穿搭经验的人来说，很容易搭配错误。事实上，除了要选择合适的款式外，还要选对服装色彩。说到搭配，让我们来领略一下几种典型的青春风格。

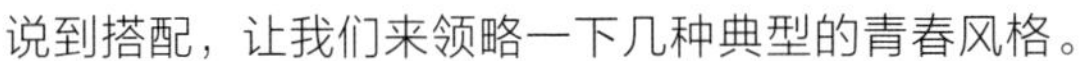

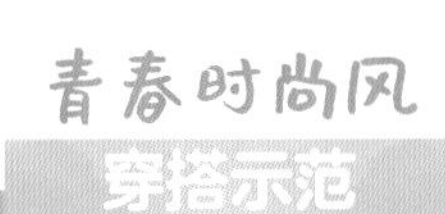

棒球帽

卫衣

马甲

搭配 1

想要尽显活力的穿搭，那么运动风是选择之一。卫衣搭配马甲，再搭配一条运动短裤，瞬间便可感受到年轻人的活力气息。

运动短裤

搭配 2

背带裤是典型的青春穿搭单品，无疑展现了青春的活泼开朗，让人感受到年轻的美好。

背带裤是典型青春款

搭配 3

如果你认为自己的穿搭有些单调乏味，不妨尝试加入一些亮色。这件紫色的连衣裙，其亮丽的色彩既可提亮整体形象，又与“跳”这个关键词相呼应。

搭配 4

修身的服饰能展现出你的身材和气质，只需要搭配一双松糕鞋，青春活力感便可瞬间展现。（插画来源：Perma Piece《PERMA 夏日穿搭 OOTD》）

1.1.4 典雅稳重的风格

典雅稳重风格的穿搭通常注重经典、简约、优雅和成熟的特点。这种风格通常以高品质、经典的设计和剪裁为基础，注重细节和质感，以展现成熟、自信和优雅的气质。有时候，充满活力的少女也需要沉思的时刻和稳重的魅力。

搭配 1

当选择宽松的深色毛衣与浅色裙子搭配时，便会散发出一种稳重的气场，宽松的服装也能保持典雅感与稳重感。

如果鞋子和毛衣的颜色稍微有一些深浅变化，那么温柔与知性的整体感觉便能脱颖而出，令人视觉上感到舒适而不疲劳。

搭配 2

蓝色传递包容、沉静的信息，而白色 T 恤则能点亮整体的氛围。如果在早春时节，你选择搭配围巾和帽子，便可以营造出既成熟又温柔的感觉，为你的整体形象增添一股精气神。

搭配 3

还记得前面提到的活泼可爱的波点泡泡袖上衣吗？是的，那些典雅稳重的女孩也可以选择波点装饰的服装进行搭配。

但是需要注意的是，此类搭配的款式选择需要中规中矩。例如，小圆领衬衫搭配黑色连衣裙或者套装裙，再加上黑色丁字鞋与之呼应，整体形象便能展现出稳重的气质，而波点的设计又添了几分活泼跳跃的气息。

搭配 4

同色系套装是当下的流行穿搭，不仅能展现出典雅稳重的特点，还能凸显个人品位。在搭配时，除了要注意色调的协调，还需关注条纹、荷叶袖等细节，这些是让套装更具变化的关键元素。此外，搭配一个宽松的帆布包，更能增添整体造型的随性洒脱感。

1.1.5 珠圆玉润和苗条修身的不同穿搭

珠圆玉润

别用“胖”这个词来形容自己，也别轻易说出减肥的话，这些负面的词汇可能会阻碍你接纳和发现自己的潜力。让我们换个更贴切的词——圆润。想象一下唐朝美人们的动人风貌，当时可是以丰满为美。作为一个会穿搭的圆润姑娘，最重要的就是懂得如何“藏肉”，合适的装扮可以让你轻松保持身材。

穿搭示范

搭配 1

如果你的体形较均匀，穿宽松的衣服是最佳的选择。需要注意的是，衣服的图案要慎重选择，上衣尽量选择竖向条纹的款式。这是因为，竖向条纹显瘦，横向条纹则有向两边扩展的视觉效果。

如果你的脸形偏瘦，那么可以尝试“麻袋片”风格。用大一号的衣服和裤子来掩盖身形的不足，同时展现出轻松自在的气质。

搭配 2

收腰设计的衣服是最能展现身材魅力的服饰，宽松的上下装与收腰的设计不仅显瘦，还能为丰富你的装扮增添一份层次感。

收腰设计

上半身瘦、下半身圆润

搭配 3

如果是梨形身材（上半身瘦、下半身圆润），不妨试试无袖的长裙。最好选择在裙摆处设计一些丰富的款式，这样便能完美展现苗条的手臂，同时又能巧妙地隐藏下半身的肉。

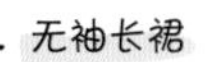

背带裤

技巧：宽松背带裤隐藏小肚腩

隐藏了小肚腩

搭配 4

想走可爱路线的话，不妨扎个丸子头，再搭配一条背带裤。这样不仅隐藏了小肚腩，还增添了一股活泼可爱的气息。

苗条修身

尽管身材瘦小的女生穿衣服并没有什么太大的困扰，但还是想分享一下如何穿搭才能隐藏过瘦的身形，让你的整体形象更加匀称，并且不会显得过于单薄。如今已不再是盲目追求“0码身材”的20世纪90年代了，我们所追求的是真正的整体美感。这需要在色彩和款式两方面都讲究搭配协调。

穿搭示范

搭配1

上短下长的穿搭有技巧，比如将衬衫下摆扎成蝴蝶结就是一种方法。它既能展现你的苗条身材，又不显得过于单薄。如果你身材高挑，也可以搭配裙子，这样的设计会让你看上去亲和力满满。

技巧：将衬衫下摆扎成蝴蝶结

搭配2

套装也是我们经常会使用的搭配方式。在凸显整体纤瘦的同时，也能增加穿着的丰富感，比如收腰裙摆上衣和长裙的搭配。类似这种柔软舒适、不束缚身体的服饰能突出女性的苗条和淑女气质。

套装

长裙显瘦，增加丰富性

技巧：上紧下松

搭配 3

上紧下松的穿搭技巧，用短款上衣搭配 A 字短裙，这种搭配可以在突出腰身的同时，使你的身材显得更加修长、匀称。（插画来源：Perma Piece《PERMA 夏日穿搭 OOTD》）

搭配 4

沙漏形身材的穿搭技巧之一，比如用阔肩 T 恤搭配阔腿裤，把 T 恤塞进裤子里，让阔腿裤衬出腰身的曲线。

技巧：沙漏形身材穿搭

珠圆玉润和苗条修身，是两种不同的身材。而衣服的平衡穿搭，则是指通过巧妙的搭配，让不同身材的人都能穿出自己的风格。

对于珠圆玉润的身材，可以选择宽松一些的衣服，比如宽松的长裙、T 恤、衬衫等，这些衣服可以让身材看起来更加纤细。另外，可以选择一些深色系的衣服，比如黑色、深蓝色等，这些颜色有收缩视觉效果的作用，可以让身材看起来更加苗条。

对于苗条修身的身材，可以选择紧身一些的衣服，比如紧身裙、紧身裤等，这些衣服可以让身材的曲线更加完美。另外，可以选择一些浅色系的衣物，比如白色、粉色等，这些颜色可以让身材看起来更加丰满。

在选择衣服的过程中，还应该注意平衡搭配。比如，在上身选择紧身衣物的情况下，下身可以选择宽松一些的裤子或者裙子。反之，如果上身选择宽松衣物的情况下，下身可以选择紧身一些的裤子或者裙子。这种平衡搭配可以让整个身材看起来更加协调。

学点穿搭知识

· 懂一点服装款式

· 学会颜色搭配

knowledge

knowledge

2.1 懂一点服装款式

走在街上，来来往往的人们穿着各式各样的衣服。实际上，千变万化的服装都有着最基本的版型组合：H 形、A 形、V 形、X 形以及它们的混合搭配，它们共同构成了一个色彩斑斓的穿搭世界。事实上，这些版型是与身材相对应的。不同的身材可以选择相应版型的衣服，也可以选择混搭，但无论怎么搭配，都需要注意形体与衣服之间的协调与统一。最好的效果是能达到巧妙而精练，富有节奏感。

2.1.1 H 形

H 形身材，又称为“矩形身材”，特指肩、腰、胯几乎等宽，同时腰低腿长的身材。这种体形的特点是肩、胸和臀围较窄，腰部与臀部尺寸相差很小，大腿笔直，缺少曲线美。

这种身材各种穿搭风格都可以尝试，但需要注意保持身体的舒适和自然，避免过度强调或弱化某一部位，只有这样才能真正展现整体搭配的魅力。

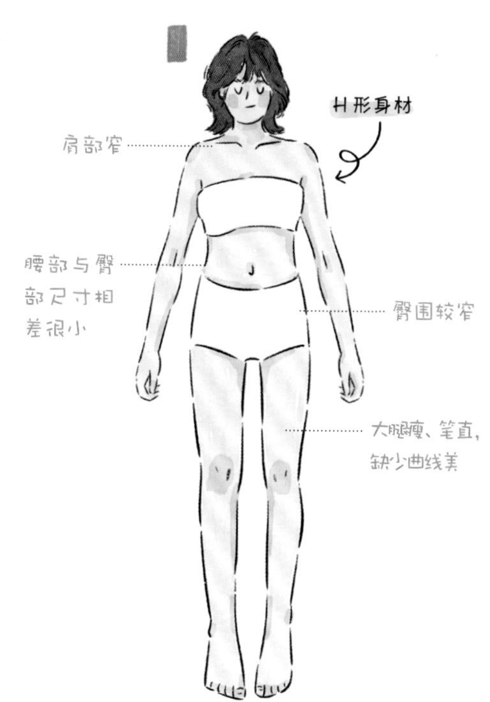

对于瘦 H 形身材，只需关注穿搭技巧，各种风格都可以轻松尝试。

胖 H 形身材属于典型的均匀肥胖，整体线条比较丰满，因此在选购服饰时，需要应用一些独特的小技巧。比如，V 领上衣是首选，收腰设计能够打造腰线，而多层次叠加和褶皱的运用则能增加整体层次感。选择上衣时，要避免过于宽松或直板的款式。

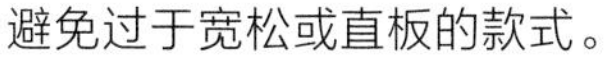

穿搭示范

搭配 1

身着低调的 H 形连衣短裙，加以纤细的皮质腰带点缀，双腿在视觉上更显修长，成为瞩目的焦点。领口呈现出简约的一字肩设计，还可融入希腊风格的褶皱元素，形成具有特色的披挂和垂坠效果，彰显浪漫与优雅。

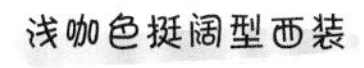

搭配 2

H 形与 A 形混搭，轻松又不失职业范儿。浅咖色挺阔型西装，搭配 A 字形红色波点百褶裙，尽显优雅魅力。此搭配适用于工作氛围轻松的场合，在体现轻松愉悦的同时，也流露出职业风格。

搭配 3

H 形与 X 形混搭，柔美线条与随性氛围完美结合。宽松的蓝白色条纹衬衫搭配如郁金香般盛开的深色半身裙，在凸显轻松感的同时，也勾勒出女性柔美的髋部线条。无论是工作场合还是休闲约会，都可以搭配打底袜或光腿穿，再穿一双小巧的平底鞋，展现出别样的魅力。

2.1.2 A 形

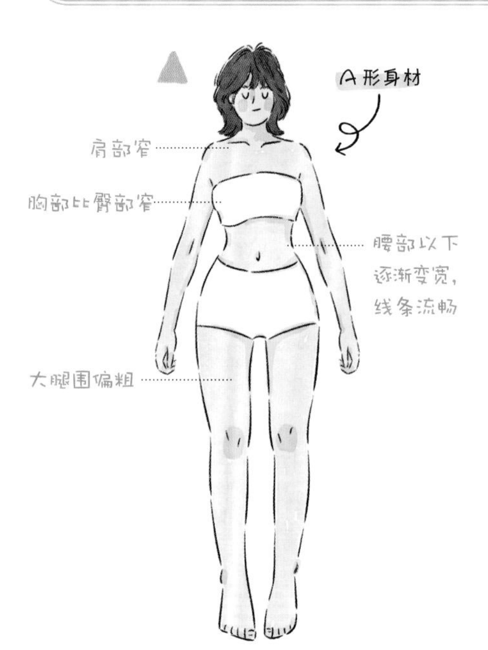

A 形身材，又称“梨形身材”，特点在于肩窄、腰细、臀宽、大腿丰满，形成上半身瘦、下半身圆润的迷人曲线。这种体形的肩部比臀部窄，而腰部以下逐渐变宽，尤其大腿围偏粗，线条优雅流畅。

穿搭示范

搭配 1

黑白色波点裙自带超强的韵律感，其上小下大的 A 字形，让人仿佛能从服饰上感受到音乐流动的旋律。若能搭配一顶红色小圆帽和一双精巧的小跟鞋，将更增添氛围感。

搭配 2

雾霾蓝色 T 恤搭配白色正圆裙，可以展现出优雅的气质，特别是上身收腰、下身开放的款式，更能展现出女性的柔美。再用一条简约的项链作为点缀，为整体造型增添一份魅力。

技巧：上身收腰，下身开放

2.1.3 X形

X 形身材，又称“S 形”或“沙漏形”身材，是人们理想中的体形。这种体形的特点是肩宽，胸围和臀围几乎保持一致，呈现出极致的平衡比例；腰线清晰可见，线条流畅而富有曲线感；大腿丰满，为整个身体增添了优美的女性韵味。在服饰设计方面，X 形身材的人可以选择一些能够突出腰部曲线的连衣裙或上衣，以尽显自己的曼妙身姿。

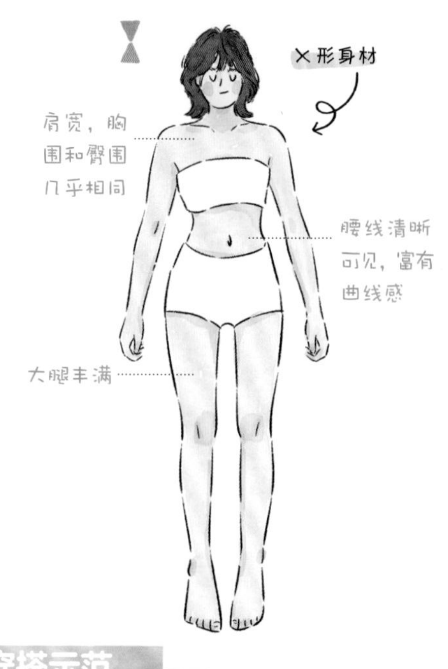

穿搭示范

技巧：X 形收腰设计

搭配 1

优雅简洁的米色印花连衣裙在腰部有明显的收腰设计，这样凸显腰部曲线的衣服属于 X 形，让整个形体有收有放，形成一定的节奏感。

宽松连衣裙

搭配 2

穿修身连衣裙，可以展示理想的身材。

2.1.4 V 形

V 形身材，也称“苹果形”或“倒锥形”身材。形体特点是肩宽背厚、胸围大、腰线不明显、臀部扁，身体的整体重心在腹部，胳膊和腿相对较细。通常通过多层次衣服的堆叠或宽阔的肩线设计，再搭配紧身的下半身服装来突出身形。

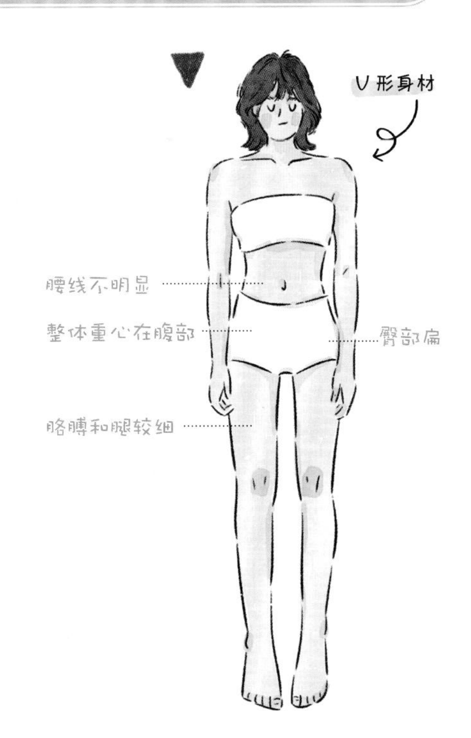

穿搭示范

搭配 1

在冬天，穿上厚厚的棉服和长款红毛衣、紧身打底裤，搭配上色彩跳跃的绿色大围巾和黑色圆帽，不仅能让人眼前一亮，还能突出纤细的双腿。

搭配 2

宽松的卫衣包裹着臀部能掩盖身材的劣势部分，同时展现纤细的双腿。

knowledge

2.2 学会颜色搭配

俗话说：“没有不好看的颜色，只有不好看的搭配。”当色彩运用得恰到好处时，便能在着装上展现出独具匠心的个性。每个人都应该拥有一套属于自己的色彩体系，将色彩与肤色、气质、性格等个人特征相融合，使每一件服装都在这个体系中，随时为你服务。

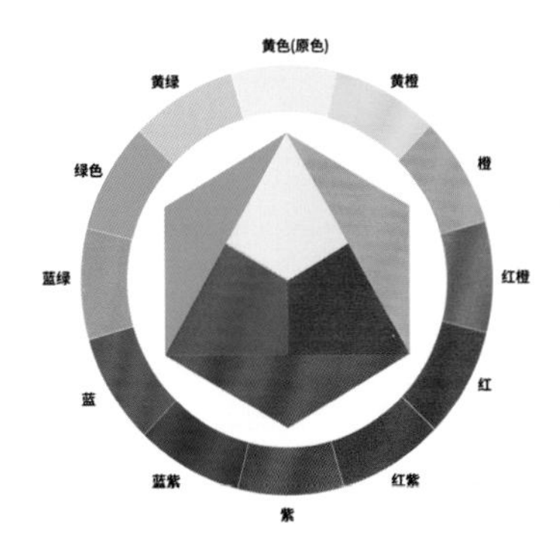

2.2.1 同类色

同类色指的是在色相环中相邻角度在 15° 以内的颜色，包括红色、橙色、黄色、绿色、青色、蓝色、紫色等。通过调整颜色的深浅变化，可以形成同类色，使整个色彩搭配更加柔和、温婉。擅长穿着这类色彩的女生往往散发出一种温柔恬静的气质。

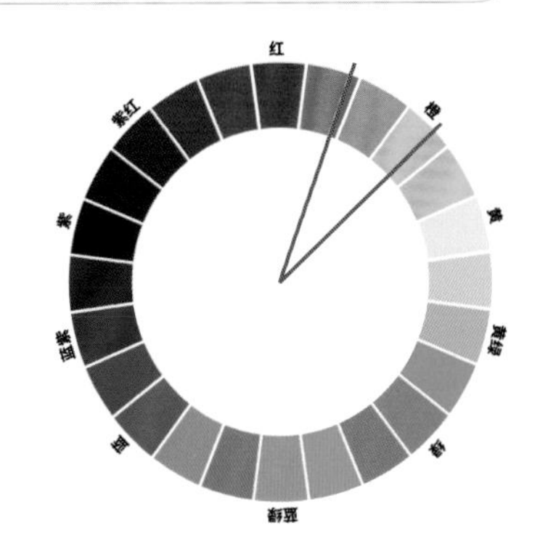

穿搭技巧

选择合适的同类色搭配可以突出身材优势。

- 选择合适的颜色，作为整个造型的主导。这个主题色可以是身上的一件单品，也可以是一个配饰，只要它能与其他元素相协调即可。

- 确定了主题色之后，我们就可以选择其他颜色进行搭配。一般来说，同类色的穿搭可以采用“由浅入深”或“由深到浅”的渐变式搭配方式，这样能够给人一种层次感。

- 同类色的穿搭不仅要关注色彩搭配，还要注意衣料材质的协调。

深浅相间的咖啡色系

搭配 1

深浅相间的咖啡色系会给人以温暖亲和的感觉。若皮肤不够白皙，可以涂上偏暖色调的腮红，再搭配暖色系的服饰，便能展现出独特的魅力。穿上奶咖色的褶皱连衣裙，再搭配同色系发卡，仿佛瞬间便拥有了仙女一般的轻盈气质。

搭配 2

比奶咖色深一些的中咖色显得较为沉稳。如用硬挺材质的裙子搭配深咖色腰带和鞋子，可以展现出中年女性成熟知性的魅力。

技巧：黑色长袜和小皮鞋作点缀

搭配 3

长款深咖色夹克搭配同色系的猎装上衣和半身裙，能凸显潇洒灵动的气质。别忘了以黑色长袜和小皮鞋作为点缀，它们都是最佳的搭配单品。

2.2.2 邻近色

邻近色是指色相环上相邻 90° 以内的颜色，比如选定的主色与相邻色系的颜色往往便是邻近色。通过在颜色中加入黑色或白色，可以使其加深或变浅，从而获得多种多样的色彩效果。邻近色的搭配总是给人一种统一又充满活力的视觉感受。

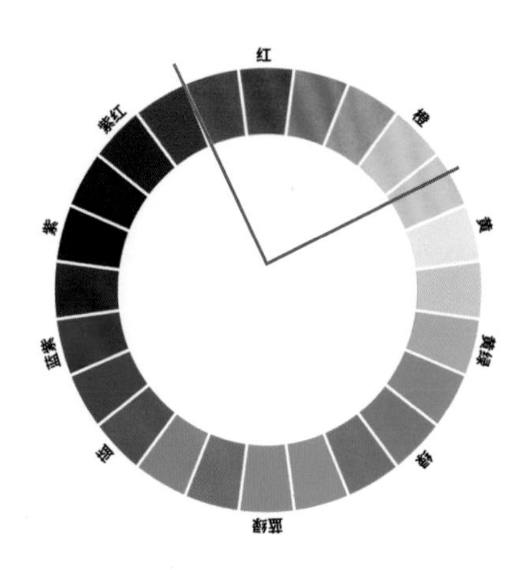

穿搭技巧

- 可以先确定衣服基调色，占据整体色彩搭配的大部分面积。
- 选择基调色的邻近色，以较少的面积进行搭配。
- 在下半身或配饰上使用与基调色相呼应的颜色，以增加整体搭配的协调性和层次感。

红色系和橙色系

粉红格子的披肩

搭配 1

浅米色裙子搭配粉红格子的披肩，与红色打底袜相呼应的细节，散发着恬静自然的感觉。

浅米色裙子

红色呢子大衣

搭配 2

红色呢子大衣和撞色条纹衬衫的搭配显得轻松休闲，再搭配橙色系的工装裤，更能体现休闲惬意的风格。

橙色系的工装裤

2.2.3 互补色

在 12 色相环中，呈 180° 角的两种颜色称为“互补色”，比如红色与绿色、蓝色与橙色、黄色与紫色。它们在色相上相互补充，形成了鲜明的对比，给视觉带来了强烈的冲击力。

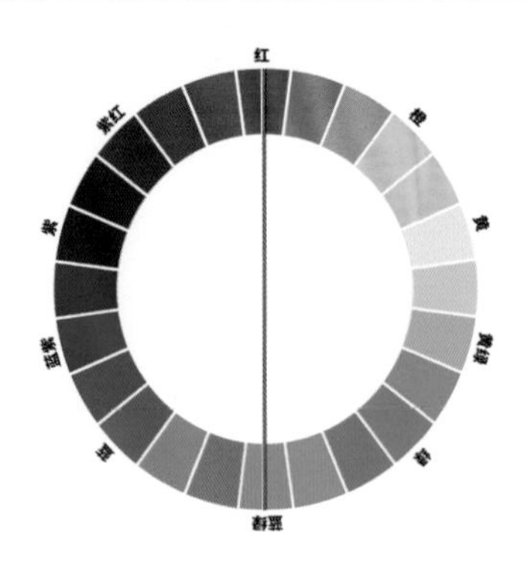

穿搭技巧

- 选择一种颜色作为主色，另一种颜色作为辅助色。
- 在面积上，主色占据较大面积，辅助色可以适当地点缀在局部。通过这种方式，可以使整个配色更加丰富、有层次，且不会失去平衡性和协调性。

红绿撞色和橙蓝撞色

搭配 1

大红色长款外套适合搭配纯度较低的内搭衬衫或连衣裙，在此基础上增加一个对比鲜明的点缀色，例如翠绿色小包，就有亮眼之感，也是一个大胆的尝试。

搭配 2

橙蓝撞色其实很常见。不过在搭配时，我们往往会降低橙色的纯度和明度，甚至把它转化为偏向于咖啡色的颜色，这样当与纯蓝色条纹或纯色内搭单品搭配时，会形成更加干练和稳重的感觉。

搭配 3

红绿撞色的搭配有很多，比如降低红色和绿色的饱和度，用浅绿色套装搭配粉色的 T 恤，再配上一顶帽子和包包来呼应整体造型,同样可在人群中脱颖而出。

打造完美衣橱

- 衬衫穿搭
- T 恤穿搭
- 毛衣穿搭
- 西装穿搭
- 其他外套
- 裤子穿搭
- 裙子穿搭
- 配饰搭配

Wardrobe

Wardrobe

3.1 衬衫穿搭

衬衫有修身正式和宽松随性之分，是日常穿搭中必不可少的单品。在不同情境下都可以穿衬衫，比如用便装衬衫搭配西装外套，在正式场合穿着，显得更有品位；休闲衬衫适合在居家和游玩的时候穿着，无论搭配毛衣还是外套，都有轻松随意的效果。

纯色衬衫、条纹衬衫和格子衬衫是衣橱的三大基础必备单品。对于女性而言，至少应该有一件白色衬衫、一件雾霾蓝色衬衫、一件浅色条纹衬衫和一件粗格子宽松衬衫。这些衬衫不仅适合各种场合，还能展现出不同的风格和个性。

在工作日的早晨，穿上宽松的衬衫，手拿一杯咖啡，就能轻松展现干练的白领形象。而在正式会议的场合，可以选择穿一件颜色较深的衬衫作为打底，再搭配不同的外套、西装或者裙装，展现出成熟端庄的形象。

基础搭配

搭配 1　干练潇洒、随性活泼

与长款上衣相比，短衬衫能够更好地展示腰身和上半身的曲线，对于身材较矮的女性也较为友好。

搭配 2 稳重端庄、职业风格

长衬衫

+

A 字裙

衬衫可适应不同季节和场合，实用性很强，在职场也能穿出另一种风范，比如将下摆塞进腰身比较高的裙子里，能展现出职场女性的稳重感。

搭配 3 休闲与亲和力满满

下摆打结白衬衫

+

九分裤

下摆打结的短衬衫可以降低整体搭配的厚重感，使穿着更加轻盈和舒适。

其他基础搭配

- 白衬衫 + 吊带长裙 = 舒适随性、文艺风格
- 白衬衫 + 打底背心 + 短裤 = 俏皮可爱、自在洒脱
- 白衬衫 + 长款百褶裙 = 温柔大方、端庄大气
- 白衬衫 + 西装外套 + 小裙子 = 俏皮干练、自在专业
- 白衬衫 + 羊绒衫打底内搭 + 风衣 + 半身裙 = 稳重保暖、成熟优雅

搭配 1 轻松愉快、休闲风格

条纹衬衫、下摆塞半边

+

高腰牛仔裤

条纹衬衫可以与各种服饰搭配，无论是裤子、裙子还是其他下装，都能搭配出时尚的造型，这让条纹衬衫成为人们日常穿着的首选服装之一。

搭配 2 夏日波希米亚风格

下摆打蝴蝶结的 V 领白衬衫

+

印花吊带长裙

超短款衬衫的设计重点在于露腰，这种设计能够充分展现女性腰线的优美和自信的气质。超短款衬衫的百搭性也是其受到欢迎的重要原因。它可以与各种下装和外套搭配，从休闲的牛仔裤到正式的半身裙，都能搭配出不同的风格。

搭配 3 俏皮可爱、自在洒脱

格子衬衫
+
打底背心
+
短裤
+
凉鞋

格子衬衫作为一种经典的衬衫，与其他服饰搭配起来非常容易。其独特的图案和色彩使其在搭配上更加灵活。无论是搭配牛仔裤、裙子还是西装外套，格子衬衫都能展现出独特的风格和品位。

其他升级搭配

- 粗格子衬衫 + 浅色内搭 + 铅笔裤 = 自在随意、文艺风格
- 宽松衬衫 +V 领毛衫 +A 字版小裙子 = 清新自然、学生风格
- 白衬衫 + 长款大衣 + 收脚牛仔裤 + 小黑皮鞋 = 干练俏皮、活泼自信

Wardrobe

3.2 T 恤穿搭

T 恤是衣橱中不可或缺的百搭单品，宽松与紧身的款式各准备一件肯定不会有错。在挑选时，尽量选择纯色款式，它们能够轻松搭配各种服饰。每当夏季来临，不妨再准备几件设计感十足的 T 恤，无论是白色还是其他适合你的色彩，都能让你每天散发着活力，给人耳目一新的感觉。比如，以圆领为主的 T 恤基本款式，往往色彩、图案和衣服上的装饰都能成为与众不同的特点。

那么，什么颜色才是你的最佳选择呢？皮肤偏黄的人，不建议穿绿色系的衣服，宝蓝色、浅蓝色、雾霾蓝色等蓝色系更适合你。如果你的肤色白皙，那么浅米色、浅粉色等轻盈的色彩较为适合你。

基础搭配

搭配 1 自信大方、中规中矩

紧身 T 恤

+

下身宽松九分裤

紧身 T 恤能够完美地贴合身体，凸显出穿着者的身材线条。紧身 T 恤的搭配具有很多优势，无论是从时尚、舒适还是实用角度出发，都能满足人们的需要。

搭配 2 修长身形、气质出众

宽松 T 恤

宽松 T 恤 + 收腰喇叭裤

首先，这种搭配能够展现一种随性、舒适的气质，让人感觉非常自然。其次，宽松 T 恤能够很好地遮盖身材的不足之处，对于一些身材不够完美的人来说，这是非常有吸引力的。这种搭配非常适合休闲场合，比如周末、假期外出游玩等，让人感到轻松自在。（插画来源：Perma Piece《PERMA 夏日穿搭 OOTD》）

搭配 3 学生气质、青春洋溢

紧身 T 恤 + 牛仔裙

同样是紧身 T 恤，搭配充满活力的牛仔短裙，可以拉长身材比例，突出颈部、肩部和手臂线条，让穿着者看起来更加有型、高挑。

其他基础搭配

- T 恤（短款）+ 微褶裙 = 自信活力、可爱俏皮
- T 恤（宽松）+ 长裙 = 恬静优雅、文艺气质

升级搭配

搭配 1 文艺青年、随意有趣

宽松 T 恤
+
宽松背带裙、宽松牛仔裤

T 恤和背带裙的搭配不仅适合夏季，其他季节也可以搭配使用。例如：在春秋季节，可以选择长袖 T 恤搭配背带裙；在冬季，也可以选择厚实的 T 恤搭配棉质背带裙。这种搭配具有很高的实用性，让人们在不同季节都能保持时尚感。

T 恤与各种裤子的搭配也是非常实用的选择。你可以选择牛仔裤、休闲裤、运动裤等与 T 恤相搭配。

搭配 2 局部装饰、艺术气质

宽松 T 恤在腰部做褶皱设计

+

下身小脚牛仔裤

宽松 T 恤在腰部做褶皱的设计能够很好地修饰身材、突出腰线，让腰部看起来更加纤细。同时，还能够遮盖身体其他部位的不足之处，让身材看起来更加匀称。

其他升级搭配

- 基础款白色 T 恤 + 花色丝巾 + 宽松直筒裤 = 凸显修长身材、职业风格
- T 恤 + 艳丽薄款毛衣开衫 + 长裤 = 居家温柔、明艳动人
- T 恤 + 小香风短外套 + 阔腿牛仔裤 = 活力时尚、复古风格

Wardrobe

3.3 毛衣穿搭

在衣橱中，毛衣可以准备几件，其中中款和长款各准备 2 ~ 3 件。对于身材纤细的女生，可以尝试开衫小毛衣或麻花辫大毛衣，而稍微丰满的女孩则可以尝试圆领纯色细织平纹的毛衣或羊绒衫，用它们搭配白衬衫也是不错的选择。此外，选择拉链大翻领和下身不紧绷的毛衣，会让你看起来更加轻松自然。如果很喜欢格子花纹毛衣，但担心会显胖的话，可以选择双臂上没有花纹的款式，便能避免视觉上的膨胀感。

基础搭配

搭配 1 保暖舒适

修身毛衣 + 宽松毛呢裤裙

修身毛衣能够凸显身材曲线。与宽松毛衣相比，修身毛衣更贴合身体线条，能够展现出女性的曲线美。

搭配 2 潇洒干练、修身纤细

修身毛衣 + 开衩牛仔裤 + 松糕鞋

修身毛衣的贴身设计更容易让人注意到细节，例如精致的针织纹理和细腻的质地等。

搭配 3 可爱甜美、轻松温暖

开衫毛衣

+

格纹短裙

开衫毛衣的搭配非常灵活，可以根据气温和场合进行调整。

搭配 4 干练生动、舒适显瘦

宽松毛衣（肩线靠下）

+

铅笔裤

与修身毛衣相比，宽松毛衣能适应不同的体形，行动更方便。

其他基础搭配

- V 形领修身开衫 + 基础长裤 = 简单随和、轻松随意
- 大翻领毛衣 + 薄呢长裙 = 保暖舒适、文艺风格
- 基础款细织平纹圆领毛衫 + 阔腿裤 = 修长显瘦、平和亲近

升级搭配

搭配 1 温柔恬静、宽松舒适

堆堆袖毛衣

\+

同色系休闲裤

堆堆袖毛衣不仅适合寒冷的冬季，也适合温暖的春季和秋季。在选择堆堆袖毛衣时，可以根据自己的喜好和天气情况来选择不同的厚度和材质。

搭配 2 艺术气质、放松休闲

宽松毛衣

\+

短裤

\+

靴子

\+

贝雷帽

这种宽松毛衣在穿着时更加舒适，长时间穿着也不会感到闷热和束缚。

搭配 3 文艺风格、森系自然

长款毛衣

+

直筒牛仔裤

长款毛衣与牛仔裤的搭配是一种非常经典、实用的搭配方式。这种搭配既可以展现出一种简约、时尚的风格，也可以给人一种随性、休闲的感觉。如果想要更加出彩，可以选择一些带有印花、刺绣等设计的长款毛衣，使其与牛仔裤搭配，打造出更加独特的风格。

其他升级搭配

- 大圆领毛衣 + 高领打底衫 / 白色衬衫领 + 修身长裤 = 秋日温暖、职业风格
- 提花毛衣 / 绞花格纹毛衣 + 阔腿裤 = 节日气氛、开心活泼

Wardrobe

3.4 西装穿搭

在衣橱里备上几件收腰西装、H 形西装和一件中长款到臀线位置的西装，就能满足大多数的通勤需要。轻盈的亚麻和厚实的法兰绒作为西装常用的面料，可按照 2 ： 1 的比例进行选择。在颜色方面，米色与浅灰色是衣橱中不可或缺的百搭颜色。此外，如果你不喜欢鲜艳色彩，莫兰蒂色系也是一个不错的选择。

搭配 1 休闲个性风格

宽松西装 + 阔腿短裤 + 背心

在日常活动中，宽松的西装外套可以与各种 T 恤、背心、牛仔短裤和休闲裤搭配，非常适合日常出行或约会。

搭配 2 舒适工作风格

正式西装 + 白 T 恤 + 版型挺阔的西裤

在正式场合，可以穿一身同色系西装，搭配一双高跟鞋，整个精气神和气场都展现了出来。如果下装和上装不是同色系，那么选择搭配一条黑色的裤子，是绝对不会出错的。

搭配 3 青春学生风格

制服西装
+
衬衫
+
百褶裙

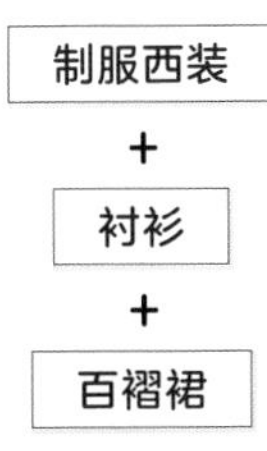

购买制服西装时，一定要注意色彩搭配，一般深色系的比较常见。在搭配衬衫和领带时，可以选择色差较大的，比如浅蓝色、红色、灰色等，这样可以增加整体的层次感和活力感。

其他基础搭配

- 收腰西装 + 轻薄牛仔短裤 = 干练气质美人
- 宽松西装 + 打底卫衣 + 阔腿裤 = 休闲随和风格
- 休闲西装 + 白 T 恤 + 版型挺阔的西裤 = 舒适工作风格
- 宽松薄款西装 + 白 T 恤 + 九分牛仔裤 = 干练通勤风格

升级搭配

搭配 1 飘逸森系风格

收腰西装 + 碎花长裙

收腰西装的特点是剪裁得体，其中腰部紧致、肩部和胸部设计合身，能突出女性的身材曲线。而裙子则可以展现女性的柔美和优雅。

搭配 2 优雅精致风格

修身西装

\+

长裙

\+

精致衬衫

修身西装在搭配时，可以选择一些简约的配饰来提升整体的造型质感。例如，可以选择一些简约的项链、手链、发带和耳环来进行点缀，让整个搭配更加精致而不失优雅。同时，再用简约的高跟鞋或平底鞋来搭配收腰西装和裙子，让整体造型更加协调。

其他升级搭配

- 呢子西装 + 牛仔衬衫 + 铅笔裤 = 干练职场风格
- 宽松西装 + 花色衬衫 + 宽版牛仔裤 = 复古文艺风格

Wardrobe

3.5 其他外套

近年来，比较流行的大衣类型是茧形大衣，所以衣橱里备上一件绝对是必要的。在秋冬季节，太浅的白色容易显得格格不入，而深色又会带给人沉闷之感，那么经典的驼色系绝对是百搭的好选择。此外，准备 A 形和 H 形的长款大衣也是非常必要的。无论浅灰色还是雾霾蓝色，都能提亮肤色，让人焕发出不一样的光彩。

基础搭配

搭配 1 休闲通勤风格

呢子外套

\+

长款条纹衬衫

\+

蓝色帆布鞋

呢子外套是一款经典、时尚的外套，特点是厚实、保暖、柔软。无论是想抵御冬天的寒冷，还是想要时尚的搭配，呢子外套都是必备的单品。

搭配 2 舒适通勤风格

风衣 + 短款条纹衬衫 + 锥形牛仔裤

风衣从休闲到正式、从街头到商务场合，都能穿出时尚的感觉，并且穿起来非常舒适，不会过于紧绷或束缚。

搭配 3 潇洒运动风格

运动套装 + 棒球帽 + 斜挎运动包

运动外套具有很好的保暖性，它们通常还可搭配内衬或加绒材料，进一步增强保暖性能。

搭配 4 甜美温暖风格

牛仔外套 + 宽松打底衫

半身裙 + 皮鞋

牛仔外套的硬朗和半身裙的柔美相结合，这种搭配不仅显得年轻时尚，还散发出充满活力的气息。

Wardrobe

3.6 裤子穿搭

裤子的种类繁多，在商场中选购时，可能会让人感到眼花缭乱。作为下装，它能搭配和衬托整体造型，因此并不需要过于复杂的款式和过多的装饰。在众多的选择中，我们可以将目光最终聚焦在正装裤和牛仔裤两类上。

对于正装直筒裤，可以选择米色和黑色两种，这样方便搭配不同的上衣和外套。另外，选择裤子的宽松度稍微大一些的款式，在寒冷的秋冬季节就可以在里面穿上保暖的打底裤。

相比之下，牛仔裤的款式更加多样化。如果你平时经常穿着休闲装，那么可以准备三条不同款式的牛仔裤：九分裤、直筒长裤和阔腿裤。至于颜色方面，可以根据个人的喜好进行选择。

基础搭配

穿上一件有设计感的 T 恤，搭配一条阔腿裤，非常舒适自在。在春天和夏天，这种搭配是受到人们广泛喜爱的组合。

搭配 2 休闲随性风格

短裤
+
白 T 恤 / 衬衫

短裤和白 T 恤的搭配是一种经典的夏日穿搭，既舒适又时尚。这种搭配适合各种场合，无论是休闲聚会、户外活动，还是其他日常场景都可以轻松驾驭。

搭配 3 休闲与亲和力满满

休闲直筒裤 + 条纹 T 恤

休闲直筒裤的款式设计简约大方，裤筒上下宽度一致，舒适又不失时尚感。

搭配 4 低调工作风格

休闲裤 + T 恤 + 装饰腰带

休闲裤是日常穿搭的必备单品，也是日常穿着的首选之一。休闲裤的搭配非常灵活，可以搭配各种款式的上衣和鞋子。

其他基础搭配

- 修身小黑裤 + 紧身上衣 / 荷叶边雪纺上衣 = 成熟性感风格
- 休闲西装裤 + 小香风外套 + 打底衫 = 精致工作风格
- 修身小黑裤 + 白 T 恤 / 打结 T 恤 = 青春活力风格
- 牛仔裤 + 白 T 恤 / 格子衬衫 = 学生风格

升级搭配

搭配 1 复古牛仔风格

亚麻裤 + 牛仔马甲 + 衬衫

亚麻裤是一种受到越来越多人喜爱的服装，有直筒、紧身、阔腿等多种款式。除了日常穿搭外，还可以结合各种流行元素，比如复古风，可让你的穿着更加时尚个性。

搭配 2 可爱亲切风格

背带喇叭裤 + 娃娃衫 / 泡泡袖

背带喇叭裤和娃娃衫的搭配既可爱，又带有一种轻松随意的感觉。这种组合非常适合春夏季节，可以让你在舒适和时尚之间找到完美的平衡。

其他升级搭配

- 微喇裤 + 小开衫 + 紧身打底 = 知性休闲风格
- 牛仔短裤 + 假两件趣味上衣 = 甜美可爱风格
- 松紧腰头的万能黑裤 + 花色小西服 + 打底白 T 恤 = 严肃又不失亲和力的风格

Wardrobe

3.7 裙子穿搭

裙子的魅力在于其多样的款式。它有着独特的分类，按照长度的不同，可分为短裙、长裙、中长裙。

短裙作为最具有活力的下装单品，有包臀短裙和正圆裙两种基本样式。其中包臀短裙可以选择黑色正装裙，这样可以搭配不同颜色的外套和衬衫。当有正式场合需要出席、又怕穿错衣服的时候，半身小黑裙是一个不错的选择。如果是腿形微胖的女生，那么 A 字裙可帮你巧妙地扬长避短，收腰的设计不仅能突出曲线，同时也能把缺点巧妙地隐藏起来。

长裙的基本款式更为多样化，其中吊带款式和常规款式各具特色，是衣橱中的百搭单品。夏季的薄款连衣裙颜色选择不宜过深，否则会显得过于沉重。一般可选择浅米色、浅咖色、浅粉色、雾霾蓝色或白色等浅色系颜色作为主色，从而让你的连衣裙显得更加轻盈飘逸。中长裙是长度介于短裙和长裙之间的裙子，样式和选择方法可以参考前两者。

基础搭配

搭配 1　职业淑女风格

百褶裙

\+

修身 T 恤

长款百褶裙比较优雅，适合搭配修身上衣。比如，可以选择一件紧身的上衣来突出身材的曲线。

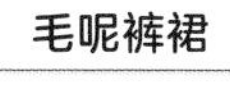

+

修身毛衣

毛呢裤裙

长款毛呢裤裙可以选择修身的毛衣来搭配，从而显得更加干练和自信。和其他服装组合一样，想要搭配出时尚感，需要注意长度、颜色和款式等因素。

搭配 3 可爱甜美、轻松温暖

格纹短裙 + 开衫毛衣

格纹短裙

短款格子裙的穿搭方式有很多种，可以根据自己的喜好和场合选择，需要注意的是色彩的协调和风格的统一。

其他基础搭配

- 碎花长裙 + 牛仔外套 = 活力青春风格
- 长款毛衫 + 碎花长裙 = 知性居家风格
- 波点长裙 + 短款夹克 = 潇洒随性风格

搭配 1　小仙女清新风格

娃娃领棉布质感上衣

+

松紧收腰雪纺长裙

雪纺是非常适合夏季穿着的面料。雪纺裙通常采用淡雅的色调，给人一种清新感，还可以提亮肤色。

条纹衬衫 **+** **鱼尾裙**

直筒型鱼尾裙适合身材高挑的女性，而紧身型鱼尾裙则适合身材曲线明显的女性。

搭配 3　乖乖学生风格

泡泡袖 **+** **收腰款的背带裙**

收腰款的裙子通常采用高腰设计，能够有效地拉长下半身比例，让你的身材显得更加修长。（插画来源：Perma Piece《PERMA 夏日穿搭 OOTD》）

Wardrobe

3.8 配饰搭配

着装艺术不仅仅在于各种衣物的搭配，更在于各种配饰的精心组合。这种点缀能够为着装增添一份别样的魅力，让人焕发出神采。不同的配饰组合可以呈现出不同的风格，而不同的风格也能与服装穿搭巧妙地相融。比如，一双鞋子可以为一身休闲搭配增添亮点，让人看起来与众不同；一款精致的手提包可以与一条普通的裙子搭配，提高整个造型的档次。不过，配饰的组合也要注意协调性和一致性，避免画蛇添足。

（插画来源：Perma Piece《PERMA 夏日穿搭 OOTD》）

搭配 2 复古文艺风格
格子连帽外套
+
衬衫
+
马甲
+
休闲裤
+
帽子
+
休闲包
+
小黑鞋

搭配 3 黑白色系甜酷风格

宽松 A 字版灯笼袖上衣

+

短裤

+

白色长袜

+

复古黑色皮鞋

搭配 4 乖乖学生风格

浅色系马甲

+

条纹 T 恤

+

厚底皮鞋

+

单肩包

搭配 5 潇洒中性风格

马甲

+

衬衫打底

+

阔腿牛仔裤

+

爵士帽

爵士帽

搭配 6 可爱轻松风格

纯色围巾

\+

短款上衣

\+

牛仔裤

\+

运动鞋

\+

双肩包

搭配 7 休闲舒适风格
白色衬衫
+
休闲九分裤
+
厚底运动鞋

夏季 单品搭配

搭配 1 清淡随性风格

高腰连衣裙

+

有小装饰的细带凉鞋

搭配 2 海边度假风格

有设计感的露肩波点连衣裙

+

墨镜

+

编织遮阳帽

搭配 3 甜美轻松风格
浅色系裙子
+
渔夫帽 / 发带
+
编织包
+
百搭凉鞋
编织包

搭配 4 减龄运动风格

T 恤
+
运动短裤
+
棒球帽
+
运动板鞋

（插画来源：Perma Piece《PERMA 夏日穿搭 OOTD》）

搭配 5 可爱学生风格

短袖 T 恤

\+

背带裤

\+

针织帽

\+

厚底鞋

搭配 6 低调活力风格

短袖 T 恤

\+

牛仔裤

\+

超大亚麻单肩包

\+

平底鞋

冬季 单品搭配

搭配 1 甜美可爱风格

暖色系格纹围巾

+

大衣 + 长裙 + 礼帽

+

大头皮鞋

搭配 2 青春活泼风格

短款外套
+
长裙 + 打底衫 + 针织帽 + 小皮鞋 + 长袜
+
格纹围巾

搭配 3　成熟舒适风格 1

开衫毛衣

+

深色高领针织衫

+

格纹裙子

+

雪地靴

松软毛衣

+

休闲深色裙

+

加绒棉鞋

+

贝雷帽

搭配 5 温柔女孩风格 1

松软毛衣 + 波点宽松裙子

复古皮鞋 + 贝雷帽

搭配 6 温柔女孩风格 2

同色系套装

+

格纹长袜

+

浅口鞋

搭配 7 通勤日常风格

长款外套 + 粗跟靴子

渔夫帽 + 光腿袜

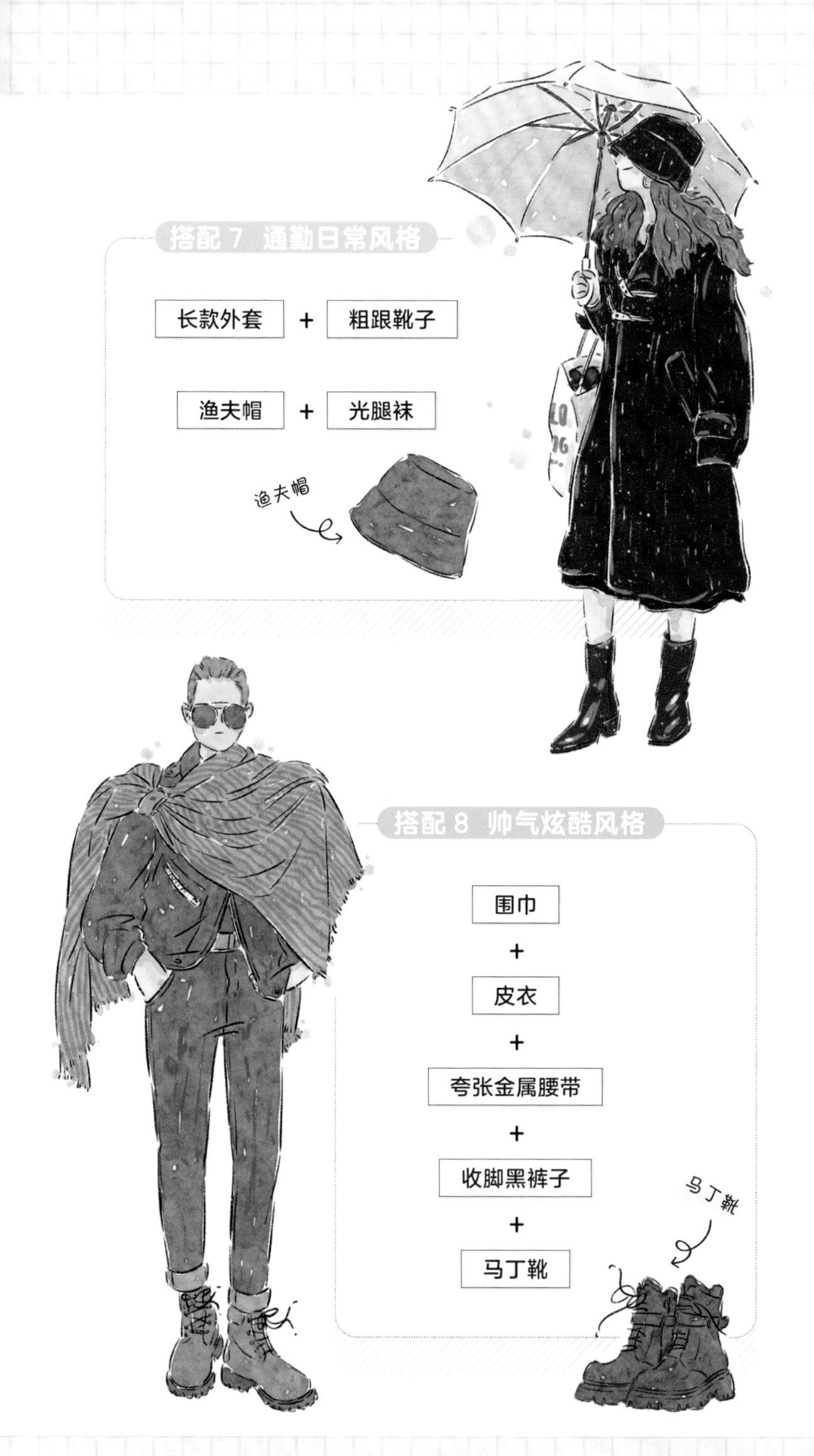

搭配 8 帅气炫酷风格

围巾
+
皮衣
+
夸张金属腰带
+
收脚黑裤子
+
马丁靴

4

场景穿搭

- 职场场景，专业自信
- 休闲场景，轻松随性
- 旅行场景，舒适美丽
- 节日场景，气氛担当
- 四季场景，春夏秋冬
- 运动场景，轻松快乐

Scene

Scene

4.1 职场场景，专业自信

职场中人无论年龄，都需要掌握一些必备的穿着技巧，特别是关于色彩的搭配。使用黑白灰和咖色等中性色彩，是非常安全且实用的。此外，蓝色有宁静、知性的感觉，也是常用颜色。这些颜色在正式场合和非正式场合中都有广泛的应用。

场景 1

在职场中，常见的单品有衬衫、裙子、阔腿牛仔裤、外套和高跟鞋等。若它们搭配得当，便能够展现出专业和自信的气质。如图中的衬衣搭配长裙、V 领外套搭配衬衣，也是职场中的常见穿搭。

场景 2

夏日炎炎之时，一条优雅的无袖长裙既凉爽，又能够凸显女性的优美身姿，在职场中很受欢迎。同时，黑色作为一种具有安定感的颜色，无论搭配什么样的衣服，一般都不会轻易出错。

无袖长裙

技巧：长款衣服更显高挑

平底鞋

场景 3

早晨匆匆忙忙赶着上班，来不及化妆也没关系。戴上一副简约的框架眼镜，穿着与发色协调的暖色衣服，手中拿杯咖啡，便构成了一幅早晨的通勤场景。而衬衫和背带裤的深浅搭配，更是增加了整体造型的层次感。

白色衬衫搭配灰色长裙和小白鞋，是日常工作中不易出错的装扮，并且能让自己一天都感觉舒适。如果担心早晨冷，外搭一件深色的马甲会是非常实用的选择。记住：颜色越简洁越好。

一只红色包，将会让你在通勤路上引人注目。到了办公室后放下它，你就又变身为一个低调的职场人。

场景 5

对于 30 岁以上的女性来说，若想在职场中展现出优雅的形象，最简单的方法就是选择同色系的套装。例如，这款奶咖色的上衣搭配淡雅印花的筒裙，领口处的设计更是增添了时尚感。这种套装不仅具有亲和力，同时也能让你在舒适与优雅之间找到平衡。在工作日里，也可以尝试以类似这样闲适和优雅的形象出现。

4.2 休闲场景，轻松随性

在放松的状态下或假期游玩之时，一款轻松、舒适的衣服是最佳的选择，能让你尽享轻松与自在。

场景 1

在假日里，选择一套宽松的衣装，能让你散发出休闲的气息。

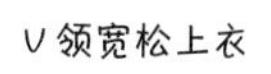

场景 2

如果想延续宽松的穿衣风格，那么建议选择质感轻盈且垂坠感强的上衣和休闲裤，并尽量戴一顶帽子。这样一来，你的身材与心态都能得到轻松地展现。

场景 3

如果想要一件方便套上就可以出门逛街的衣服，那么宽松版的连衣裙一定是最佳的选择。这种裙子在袖口位置可以采用拼接设计或其他装饰，既舒适又时尚。

场景 4

和相交多年的男友一起出游，不需要太多的装饰，便能自然地秀出你们的恩爱。一个简单的方法就是用 T 恤搭配宽松的裤子。此外，颜色搭配也是一个重要因素。比如你们可以同时选择浅咖色调或蓝灰色调，这样的整体色调搭配不仅和谐且低调，还具有层次感。

场景 5

在休息时，也不要忘记保暖。比如，在下雨的日子，想在客厅里看电视，你可以披上一件色彩鲜艳的披肩，再搭配同色系袜子。这样简单的搭配，就能让你在家中愉悦地度过美好时光。

Scene

4.3 旅行场景，舒适美丽

旅行中，除了穿舒适的鞋子，准备几顶实用舒服的帽子也是必需的。

技巧：浅色衣服搭配深色包

场景 1

在满眼都是绿色的大自然中，若身穿明黄色的长款连衣裙，你将会成为别人眼中的风景。只要再化个淡妆，便能轻易驾驭这件色彩明亮的连衣裙。请记得搭配一个颜色稍深的包包来平衡整体的色调。

如果你很喜欢红色，不妨尝试一下条纹插肩袖上衣，它很适合早晚的出行。搭配毛线帽、收口长裤和雪地靴，既保暖又舒适，让你无论走多远都不会感到疲惫。这种搭配十分适合游走于都市的街头巷尾。

场景 3

若你将要进行一场登山旅行，那么专业的运动服饰将更具实用性。遮阳帽、防晒衣、功能性强的短裤、舒适的运动鞋以及双肩包，都是理想的选择。无论是黄色与蓝色的朴素搭配，还是色彩鲜艳的拼色上衣，都能让你轻松展现“登山达人”的风采。

宽松的背心

场景 4

在旅途中，如果你有幸领略各地的风土人情，那么不妨以一种休闲的着装融入当地氛围。比如穿上宽松的背心和碎花裙子，让自己快乐起来。

碎花裙子

场景 5

白色 T 恤搭配香芋紫色外套，可以营造出清新随性的氛围。如果你的腿形线条优美，那么可以穿上露膝的深色短裤，挎上同色系斜挎包，散发出迷人的气质。另外，发带或遮阳帽也是一个不错的选择，可以为你节约早晨做发型的时间。

场景 6

为了让自己的穿搭与众不同，可以穿长款卫衣裙，露出脚踝，再搭配一件工装外套，以及搭配同色系的帽子和鞋子。

4.4 节日场景，气氛担当

当大家节日聚会聚餐时，如何在熙熙攘攘的人群中展现出自己的活力和热情呢？如果你厌烦了平时的低调，那么在一年为数不多的节日里，不妨尝试穿一些鲜艳且有撞色的衣服，成为团体里的气氛担当。

场景 1

当你到朋友家做客时，可以选择穿上正红色的棒针毛衣，特别是那种带有大麻花织法的款式，搭配一顶帽子和一条围巾，再穿上一件格纹裙子，让你显得既亲切又充满热情。想象一下，好久不见的姐妹们围着你，因为你的好气色而称赞不已，这个场面一定会让你感到开心。

帽子
围巾
棒针毛衣
格子裙

毛线帽子
大波浪卷发
橙黄色棉衣

场景 2

在节日中，可以选择厚实的橙黄色棉衣搭配新烫的大波浪卷发，营造出轻松愉悦的节日氛围。再搭配一些小面积色块的点缀，更能凸显新年和春节的特点。此外，无论是亮色的毛线帽子，还是红色的手提包，都能为你的造型增添一份俏皮感。

场景 3

居家招待客人，可以选择穿一些更有轻质感的裙装，比如玫瑰红色、朱红色的长款连衣裙。可以在肩线上做装饰结构设计，也可以搭配咖色毛线马甲。这样的搭配可以让自己和周围的朋友们都能感到放松。

场景 4

如果想提升自己的精气神，可以选择橙色系毛衫，搭配上象牙白色或浅灰色打底裙，再戴上一顶小红帽，这样的装扮不仅充满活力，还能展现出温婉的气质。

场景 5

穿一件粗线编织的暖咖色毛衣，搭配白色衬衫，露出小领子做装饰，不仅显得元气满满，也让温婉气质体现了出来，俨然一个有情调的精致女孩。

4.5 四季场景，春夏秋冬

4.5.1 春季

春天是世间万物苏醒的季节，我们的衣橱也需要应时应景地调整，选择一些色彩甜美且充满青春活力的服饰来衬托春天的温暖与美好。

场景 1

卫衣是春季最佳的单品，有着舒适的质感和多变的色彩。绿色自带春天的气息，用绿色搭配白色，是春季的颜色选择之一。白色具有最大的包容性，特别适合那些追求个性和跳跃风格的朋友。

场景 2

想要最大限度地感受春天的气息吗？不妨尝试一下浅橙色连衣裙套装。它轻盈且灵动，仿佛将春天的活力和生机都融入了日常的穿搭中。而鲜花、草帽和凉鞋这些元素，不仅充满生活气息，更是踏青女孩的必备装备。想象一下：在阳光明媚的春日，身着这些元素的你在林间、田野，就像春天的使者一般，给人带来欢乐和希望。

场景 3

在职场中，短款小外套和九分裤的搭配是春天不可或缺的穿搭。短小精悍的款式既实用又时尚，无论是正式场合还是日常休闲场景，都能轻松应对。即使是双腿盘坐，也不会感到局促，因为它本来就是一种舒适随意的搭配。

短款小外套

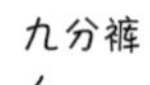

场景 4

当天气稍凉时，我们还可以选择用方形格子的图案来营造田园氛围。比如将深色的上衣与格子裙搭配，让你在质朴和轻松的感觉中找到自己的节奏和风格。

4.5.2 夏季

在炎热的夏日，我们总是渴望寻找一些轻松自在的穿搭组合。

场景 1

在考虑搭配时，基础款 T 恤和牛仔裙（裤）无疑是最经典的组合。一般来说，白色、中度灰色、奶咖色、浅橙色等颜色的T恤都能为你的穿搭提供基础配置。当你穿腻了纯色的 T 恤时，不妨试试带有印花的款式，只需要简单的圆领设计，再搭配雾霾蓝色牛仔裙或宽松版牛仔短裤，立刻就能焕发出青春活力。

场景 2

在夏天，宽大的棉质T恤是最舒服的穿着选择。这种款式的T恤能够很轻松地遮住臀部，从而展现出修长的双腿。如果在空调开时感觉到脚部冷，只需要搭配一双短袜就可以了。

技巧：宽大的T恤可以很轻松地遮住臀部

场景 3

比浅橙色和浅咖色更轻盈的米色连衣裙不仅有着相当飘逸的质感，而且宽松的款式还很方便穿脱。在面料上，棉布、雪纺都是不错的选择。你可以考虑在腰线或下摆的位置加入一些褶皱、条纹的装饰，这样可以让衣服看起来更加精致。另外，如果选择泡泡袖的设计，那么这款连衣裙也是女生的减龄必备单品。

场景 4

吊带背心与 A 字裙的搭配可展现出优雅的气息。这种上身收束、下身放开的组合非常适合搭配一些简单的项链，为整体造型增添亮点。

4.5.3 秋季

秋天是一个充满诗意的季节，适合穿着轻松的两件套。在天凉的时候，可以披上外套；午后温暖的时候，又可以脱掉外套，展示出里面的穿搭。

场景 1

条纹 T 恤和休闲裤的穿搭是永恒的经典组合，既舒适又时尚。这种搭配无论是日常休闲还是旅行度假时穿着，都非常适合。

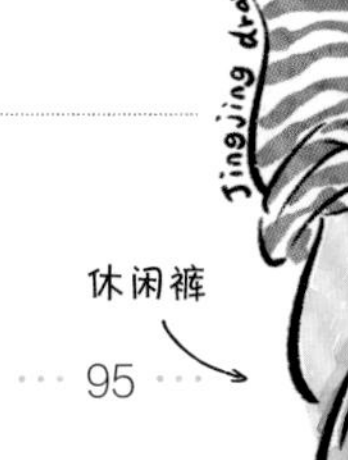

场景 2

风衣是秋天最常穿的一款百搭外套，搭配任何单品都不会出错。如果你想露出脚踝，搭配大头鞋也是一个不错的选择，但要注意脚踝的保暖。

场景 3

香芋紫色是一种充满浪漫气息的颜色，尽管这款颜色并不是那么容易驾驭，但只要在衣服和脖子之间增加一条奶白色围巾，就能很好地中和紫色，使衣服和肌肤的对比不会过于鲜明，同时又能衬托出面部的白皙。这种搭配增添了独特的节奏感和韵律感。

场景 4

呢子西装搭配解构风格的裙装，不仅看上去有休闲范儿，也适合在非正式场合的通勤时穿着。如果你想要增加保暖性，里面搭配牛仔裤就能满足需求，还能更好地凸显个性和时尚感。需要注意的是，这套衣服的亮点在上半身，因此选择熨烫平整、款式挺括的西装才能获得最佳效果。

4.5.4 冬季

叠穿是冬季流行的穿搭方式之一，最常见的是两件叠穿或三件叠穿。这种穿搭方式受到很多人喜爱， 因为既能够体现出层次感和立体感，又能增加时尚感。另外，厚实的外套加上围巾是冬季必不可少的搭配。

场景 1

中咖色厚款呢子大衣与春夏季节可穿用的浅米色百褶裙搭配，适合早晚通勤工作的女生。到了公司，可以把呢子外套脱掉，让内搭展现出它的价值。

场景2

红白蓝色经典格纹围巾搭配宽大的普蓝色毛呢外套，营造出温暖舒适的感觉。为了更保暖且更有层次感，你可以在外套里穿一件有垂坠质感的连衣裙或半身裙，浅咖色是个不错的颜色选择。此外，很多时尚的女孩喜欢露出脚踝。其实穿着浅色的袜子，搭配同色系的大头皮鞋，同样能展现出精致的风格。

针织帽

线衣

场景3

在冬季，不一定都要裹得很厚，也有一些优雅且舒适的穿搭方式。例如，用这款毛茸茸的线衣搭配深灰色格子裤，不仅非常舒适，而且还很自在。再搭配一双雪地靴，更是增添了温暖的气息。

深灰色格子裤

雪地靴

场景 4

短款开衫毛衣搭配格纹呢子裙是冬季穿搭的理想选择。若想让自己显得更轻盈，可以搭配一条与裙子同色系的围巾，这样不仅更保暖，整体搭配也上下呼应，让人感到亲切。

场景 5

再来看一下围巾和呢子外套的搭配。比如可以用红绿撞色的大格子围巾搭配短款厚呢子面料的外套。外套的颜色方面，墨绿色是个不错的选择，与围巾的颜色相互呼应，两者在一起非常和谐。另外，可以大胆尝试浅色的裤子，甚至还可以尝试打底衫与裤子使用同色系颜色，再搭配一个通勤常用的小包，整个人的精气神会在浅色的映衬下更加突出。

Scene

4.6 运动场景，轻松快乐

运动装的经典搭配之一就是套装，再搭配一双运动鞋，无论舒适度还是搭配弹性都无可挑剔，完全不受身材和年龄的限制。

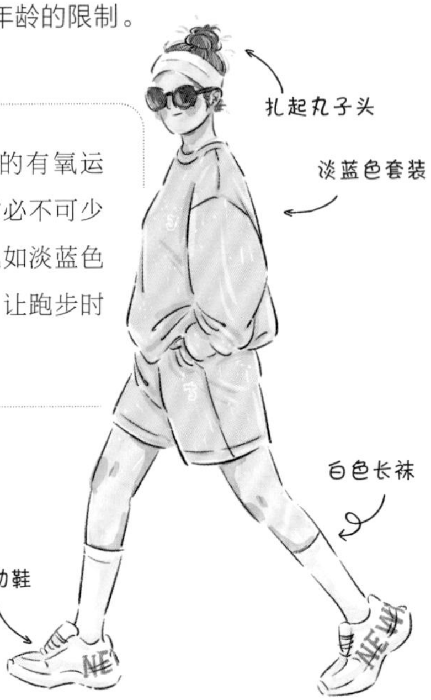

扎起丸子头

淡蓝色套装

场景 1 跑步运动

跑步是一项随时随地可以进行的有氧运动，一双穿着舒适的运动鞋是跑步时必不可少的单品。穿上清新淡雅的运动装，比如淡蓝色套装搭配白色长袜，再扎起丸子头，让跑步时的心情变得格外愉悦。

白色长袜

运动鞋

蓝色和白色经典搭配

场景 2 滑雪运动

滑雪在冰雪运动中是非常酷的一项运动。比如蓝色和白色经典搭配，再配合在雪地上的出色表现，你无疑会成为一道亮丽的风景线。

帽子、耳机

白色大背包

场景 3 健身房

去健身房的路上也要有运动装的陪伴。白色侧边条纹为黑色运动装整体增添了别样的设计感，而白色大背包则可以轻松存放健身装备。再加上帽子和耳机，更是增添了几分时尚感和酷炫感。等到了健身房后，只需脱掉外穿的运动装，便可轻装上阵，尽享运动的乐趣。

黑色运动装

厚底运动鞋

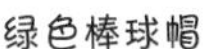

场景 4 滑板运动

滑板运动是街头艺术的一种表现形式，同时也是倍受欢迎的潮流元素之一。为了表达对滑板运动的喜爱，许多人会选择在滑板上进行装饰，甚至出行都要带上它。绿色T恤搭配绿色棒球帽，展现出独具个性的时尚态度，再搭配黑色裤子，便在色彩搭配上达到了平衡。

从穿搭看懂故事

- 设计师的搭配
- 花店少女与咖啡师
- 学生党的偏爱
- 我和我的朋友们

Story

Story

5.1 设计师的搭配

不同的人群因职业和喜好的差异，拥有自己独特的生活方式。而这种生活方式的直接体现，往往聚焦于个性的服饰穿搭。接下来，让我们一同探寻各类人群的着装风格，观察他们是如何通过服饰来表达自我的。

设计师其实有很多种，这里不分具体工作，而是泛指那些具有个性和独特品位的设计者，这类人群从事着与创意相关的工作。无论是深色还是浅色服装，他们都可以穿出自己的特点和感觉。即使有时候衣服款式很简单，也能张扬出他们的个性。设计师们从事着高强度的创意工作，除活动场合所需要的浓烈色彩服装以外，在日常生活和工作中，他们往往更偏爱无彩色和低调的有彩色，比如黑色、白色、灰色、咖啡色和雾霾蓝色等。

搭配 1

在忙碌的工作中，设计师的穿搭趋于简约。例如，一件浅绿色条纹衬衫或打底衫，搭配有设计感的灰色坎肩和修身款的深色裤子，这种组合体现了他们的个性，也凸显了他们对于色彩敏锐的洞察力。

即使是简单的穿搭，他们也会在细节处做出变化，比如选择绿色的袜子与上衣形成颜色的呼应。

搭配 2

如何通过普通服饰体现时尚感与设计感呢？贝雷帽、大耳钉和精致小围巾都能为你的穿搭增添不少亮点。无论是深色调还是鲜艳色彩，这些小面积的装饰，都能让你在人群中脱颖而出。

上衣的肩线与胸前装饰设计

技巧：收腰设计

搭配 3

对于敢挑战的人来说，连体裤是一件能够展示身材与气质的单品。在挑选连体裤时，应注意上衣的肩线与胸前装饰设计，营造出上紧下松的节奏感，凸显双腿的笔直和修长。此外，在裤摆位置可增加一些装饰线，和上衣呼应，使整体造型更加和谐美观。

搭配 4

在闲暇时光里，一件舒适且有渐变层次的蓝色长款衬衫、一个高脚凳和一杯咖啡组成了一个温馨的场景。扎起丸子头，喝着咖啡、翻翻报纸，享受轻松的午后时光，多么惬意。

搭配 5

这位设计师的穿搭非常用心，她身着咖色背带裤，搭配有装饰领子的蓝白色圆点衬衫，显得别具一格。此外，她背着功能性很强的大背包、戴着精致小圆帽、穿着大头皮鞋，即使低调的颜色也能彰显她的时尚品位。

搭配 6

有时候，设计师也会选择出挑的颜色搭配。比如黑色长衫搭配大红色裙子，再配上浅色系打底上衣和鞋子，恣意张扬，展现出强烈的个性。既然选用了对比强烈的色彩，不妨再背一款白底红字的帆布包，让包包上的文字颜色与穿着形成呼应。

搭配 7

如果全身只穿一件修长又具有肩线、袖口设计的黑色长袖连衣裙，可以选择搭配一些配饰来增添优雅魅力，比如黑色礼帽，这也是不错的选择。

搭配 8

许多设计师偏爱黑色，因为这种颜色在不同面料中具有不同的质感，从毛线编织到雪纺，从帆布、牛仔布到棉麻，黑色的穿搭拥有丰富的层次感，能展现出很多面貌。春秋季节时，可以穿着圆领黑色打底衫和深灰色半身裙，再搭配编织的长款背包和黑色凉鞋，让整个人的精致度提升一个层次。

Story

5.2 花店少女与咖啡师

采花插花

城市里的我们喜欢乡间的田园生活，虽不能置身其中，但内心却充满了向往。我们可以通过穿搭来体验森系风格的魅力，做个热爱自然生活、喜欢侍弄花卉植物的温柔女生。

搭配 1

抹茶绿色的连衣裙，在袖口的位置增加了系带装饰。X 形的高腰线设计，不仅展现了女性的优雅，更提升了整体气质。最好在头上搭配些自然风格的装饰，比如薄纱制成的蝴蝶结，或花朵造型发卡，这种清新自然的气息，让人心生向往。

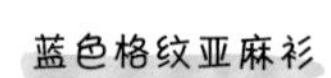

搭配 2

穿一件带有格纹的蓝色亚麻衫，吹着夏季的自然风，轻柔飘逸的感觉立刻扑面而来。裙子很有层次感，搭配深蓝色中袜和小白鞋，可以营造出清新简约的风格。

深蓝色中袜

小白鞋

森系少女必不可少的穿搭元素是发带和连衣裙。雪纺裙搭配纵向波浪装饰线条，营造出飘逸流动的感觉。浅灰色、雾霾蓝色的连衣裙是最佳的选择，它们不仅属于中性色调，还能够融入自然环境之中。

搭配 4

穿着有波点装饰以及褶皱较多的连衣裙，可彰显出独特的俏皮气质。再搭配夸张的遮阳帽和墨镜，散发出一种轻松自然的田园风情。

搭配 5

裁剪得当的咖啡色 A 字版长袖连衣裙，搭配遮阳帽，呈现出自然的美感。

搭配 6

浅色印花连衣裙十分优雅，领口和发带的装饰更增添了田园的闲适感。

咖啡与甜点

在忙碌的工作之余，享受悠然的下午，品味咖啡与甜品，是一种很惬意的放松休闲方式。生活如同旋律，有紧张的节奏，也有舒缓的乐章，总要劳逸结合才好。在繁忙的世界里，不妨去寻找一个宁静的角落。

搭配 1

长裙的线条流畅，随着步伐摆动，长裙往往能遮盖腿部的不完美之处。身穿长裙、手拿面包的搭配也暗示了一种自由的态度，这种搭配传递出一种不受束缚的感觉，想要自由地表达个性。

技巧：领口精致小巧 + 双排扣设计

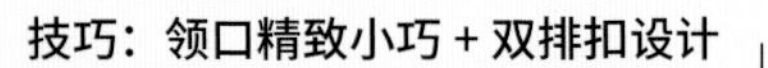

搭配 2

有些文艺青年的最爱是白衬衫和背带裙的搭配。衬衫领要精致而小巧，整体服装款式要显瘦，若是双排扣设计，就显得更精致了。而背带裙也属于百搭的款式，简单的背带和自然褶皱的正圆裙摆，显得落落大方。

圆领 T 恤

毛线开衫

搭配 3

毛线开衫与圆领 T 恤的搭配，在文艺中有着随和之感。深色毛衣和白色 T 恤的组合，显得十分和谐。总之，这样的搭配温暖又舒适、低调又柔和。

搭配 4

与闺蜜共享的手工时光，约定一起穿上有乖巧感的裙装。无论是格纹半身裙还是腰部系带的坎袖连衣裙，在行走间洋溢着自信，甚至有些厨娘的气息。同时，娃娃领和袖口的位置做褶皱设计，能够很好地起到减龄作用。

技巧：精致衣领＋收腰设计

上衣对称的规则褶皱

搭配 5

穿上一件颜色如蛋糕般的裙装，让你仿佛置身梦境中。上衣对称的规则褶皱和收腰部分的自然褶皱相互映衬，营造出一种轻松愉悦的氛围。需要注意的是，鞋子选用颜色以深色为主，这样才能更好地衬托轻盈明亮的裙装。

收腰自然型褶皱

技巧：鞋子不要选用太轻浅的颜色

波浪形衣领的衬衫

搭配 6

继续搭配衬衫和连衣裙。端着烤好的面包，穿着波浪形衣领的衬衫和连衣裙，看上去是那么的贤惠亲切。如果想要更多细节，可以选择带有淡淡格纹的衬衫，以及抹茶绿色、上身有荷叶边点缀的裙子。

搭配 7

当厌倦了日常的搭配方式时，不妨尝试一下有个性的文艺范儿。比如在黑白色波点裙装外，增加一件半透明纱质面料的系带长裙。这样的设计既有个性，又增加了时尚感。

大波浪披肩长发

解构风格的裙装

搭配 8

解构风格的裙装也是凸显个性的不错选择。夸张的白色领口只设计左半边，右半边特意做成不对称的效果，让人有眼前一亮的感觉。搭配红色或黑色八角帽，再加上温柔的大波浪披肩长发，中和了黑白色带来的距离感。

技巧：衣领只设计左半边，右半边做不对称设计

Story

5.3 学生党的偏爱

学生着装的一大特点就是常穿休闲款式，它带给人一种轻松自在、不会紧绷的感觉。

搭配 1

对很多人来说，白色和蓝色的组合是青春的象征。通过选用不同材质和面料的搭配，可以展现出不同的风格。例如：棉质的白色 T 恤搭配蓝色裤子，再配上一个大的帆布包和帆布鞋，无论是假期还是上课，这样的穿着都十分合适；在天气转凉后，还可以在 T 恤外面搭个披肩，更能凸显出学生的气质和乖巧的感觉。

搭配 2

宽松的白色T恤搭配蓝色牛仔连衣裙也是经典的学生风格。这样穿搭不仅舒适随意，也能给其他配饰如帽子、书包、鞋袜等提供更大的发挥空间。颜色选择也很丰富，无论是传统的蓝色系还是作为点缀的橙色、红色，都能完美呈现学生气质。值得注意的是，高过脚踝的长袜近年来再次流行起来，对于小腿腿形好看的女生来说，这绝对是一个值得尝试的选择。

深色衬衫

搭配 3

在忙碌的学习中，选择深色衬衫搭配浅色水洗牛仔裤，让自己更加舒适。深色衬衫不仅能展现出苗条的身材和干练的气质，同时也兼具功能性，避免出现在忙碌中汗液浸湿浅色衣裳的尴尬。一双合脚的鞋也是学习和运动必备的伴侣。此外，记得要选择浅咖色，不仅能与裤子形成协调的色调，还具有耐脏的功能性。

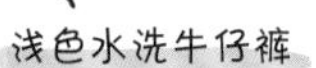
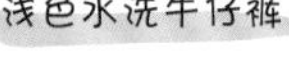

搭配 4

在外出郊游时，可以选择圆领套头衫搭配白色 T 恤和紧身弹力裤，展现出充满活力的运动风。再配以遮阳帽、背包和单车，更显青春洋溢。

搭配 5

性格偏内向的女生可以尝试泡泡袖和裙摆做大荷叶边造型的连衣裙，这些设计给原本简单的裙装增加了俏皮而又温柔的效果。浅绿色让人感受到春意盎然的气息。无论是纯色的连衣裙还是带有碎花图案的款式，都能因为雪纺的材质而变得轻盈梦幻。再搭配一个中号编织材质的手提包、扎个双丸子头发型，穿一双厚底凉鞋，淑女的气质和可爱的风格便在你的身上完美融合起来。

技巧：泡泡袖和裙摆做大荷叶边造型

搭配 6

在秋冬季，学生可以选择长款开衫和裙装来展现文艺气质。一顶有造型的奶咖色毛线帽搭配同色系 A 字版长裙，让你沉浸在温柔的氛围中，而毛线编织的中咖色开衫增添了穿搭的层次感。如果想继续丰富层次感，那么可以在长裙里面增加一条长一寸的百褶裙作为打底。

搭配 7

普蓝色套装适合性格稳重的学生穿着。在上衣里面可以搭配一件浅蓝色的打底衬衫，露出袖口，脖子上围一条浅橙色的围巾，都能为整个造型增加灵动感。此外，戴一顶小巧的浅色帽子也是一个不错的选择。

5.4 我和我的朋友们

朋友们在一起，会给人最舒适的感觉。

搭配 1

出游时，用一件 T 恤配上一条背带裤或休闲裤，便能展现出朋友间轻松愉快的默契。搭配一个帆布包和一顶棒球帽，再穿上一双凉鞋或帆布鞋，更能彰显这份自在不拘的气息，也能让人感受到年轻和舒适的感觉。

搭配 2

冬季时，那些要好的伙伴们也可以穿着默契。宽松的毛衣、裤子，再搭配一双雪地靴，即使打雪仗时也非常暖和，营造出整体放松和闲适的氛围。

搭配 3

无论走到哪里，与伙伴们穿着统一的色调和款式，会让你们看起来既和谐又独特。小墨镜、长款吊带帆布裙和小白鞋，清新简洁，在夏天时，姐妹们都会喜欢。

搭配 4

你还可以尝试烫个爆炸头，再选择长裙搭配短款毛衣和背心，这样的穿搭能够让你与好友没有距离感。需要注意的是：最好不要穿完全一样的款式，要巧妙地呼应，通过颜色或材质上的搭配，展现朋友间的默契。

爆炸头发型
短款毛衣和背心
长裙

搭配 5

当外出旅行时，伙伴们可选择在 T 恤或衬衫外面搭配一件厚实的外套，同时选择材质硬挺的长裤和长度较长的 A 字版短裤，裤腿挽边的装饰能平衡上身的厚重感。这样的搭配非常适合外出旅行、拜访朋友、聚餐等场合。

搭配 6

在家与好友欢聚时，毛衣是主打单品。你可以选择开衫和套头的毛衣，搭配阔腿裤或有结构感的长裙，带给人柔软蓬松的感觉。喜欢深色系的人，可以选择棕色混纺毛衣开衫搭配深蓝色阔腿裤；喜欢浅色系的人，可以选择米白色、香芋紫色等轻盈梦幻的色彩。

搭配 7

若想展现干练的精神面貌，可以尝试长款风衣搭配直筒裤。除了日常的上浅下深的搭配，还可以尝试上深下浅、上浅下浅两种有趣的色彩模式。比如：深色风衣搭配浅色裤子，适合身材修长的人；浅色风衣搭配亮色裤子，让人看上去更加精神和张扬。这种穿搭适合性格开朗的伙伴。

搭配 8

插肩袖 T 恤和牛仔裤的搭配非常适合各种休闲场合。无论是马丁靴还是系带厚底运动鞋，都能给整体造型增添休闲、愉快的感觉。